letras mexicanas

121

LAS 12:00 EN MALINALCO

Este libro ha sido escrito gracias al patrocinio del Sistema Nacional de Creadores de Arte del Fondo Nacional para la Cultura y las Artes

Las 12:00 en Malinalco

por

VÍCTOR MANUEL MENDIOLA

letras mexicanas

Fondo de Cultura Económica

Primera edición, 1998

Se prohíbe la reproducción total o parcial de esta obra
—incluido el diseño tipográfico y de portada—,
sea cual fuere el medio, electrónico o mecánico,
sin el consentimiento por escrito del editor.

D. R. © 1998, FONDO DE CULTURA ECONÓMICA
Carretera Picacho-Ajusco, 227; 14200 México, D. F.

ISBN 968-16-5809-4

Impreso en México

Para JENNIFER CLEMENT

chi move te, se'l senso non ti porge?*

DANTE ALIGHIERI

Purgatorio, canto XVII

* *¿quién, si no es el sentido, ha de moverte?* Traducción de Ángel Crespo.

LAS 12:00 EN MALINALCO

Subimos a las 12:00 a Malinalco.
El sol partía la extensión del cielo
y el aire se estrellaba en los sombreros;
el auto ardía en un calor pesado.
Tomamos la escalera rumbo al centro
de la pálida mole del peñasco...
las chicharras soplaban en los plátanos
inflando con su ruido un agujero.
En la carrera rápida hacia arriba
entre las carcajadas y empujones
vimos de pronto aparecer el túmulo
del blanco templo como una barriga
de piedra en la humedad de los colores.
La sangre nos golpeaba con su impulso.

Ya de pie, en el templete de la roca,
vimos los escalones, los estrechos

estribos empinados hacia el cielo;
la plenitud de estar sin piso. *Sopla*
el aire alrededor de nuestro cuello,
la frente ardiente, las mejillas rojas.
Vimos las nubes al oír las roncas
voces del aire en el despeñadero;
vimos cómo la luz bajaba en una
dirección hacia todos los lugares
empujando a las cosas desde arriba
como las ramas, como las agujas.
Los laureles vibraban en el valle
y había hormigas rojas en la cima.

También había muchos rostros nuevos,
gente menuda que hay en estos sitios:
"Qué bonito lugar, un paraíso".
"Tu pantalón azul está maltrecho,

tiene un gran agujero en el bolsillo."
"La mirada se pierde en el comienzo."
"Desde que tengo diez años no puedo
deshacerme del vértigo al vacío."
En la piedra rajada nos subíamos
y desde allí atisbábamos el lago
con la forma alargada de una trucha.
Pato era mi amiga preferida.
Nos gustaba mojarnos en la lluvia
y ella se descalzaba entre los charcos.

Durante mucho tiempo caminamos
en las tardes después de la comida,
por los lotes baldíos a la orilla
de la ciudad. La hierba de los prados
nos deparaba oscuras culebrillas
de tierra. Pato tenía las manos

largas y casi siempre escarabajos
y chapulines a ella se subían.
Yo la miraba acuclillada ver
las nervaduras finas de las hojas.
Sus piernas como dos ganchos doblados.
Sobre el suelo la abierta enagua floja.
En las frondas silbaba un cascabel
y andar sin rumbo le encantaba a Pato.

El ascenso nos lleva a todas partes.
"Desde esta vista aprecias cómo lucen
las arboledas sus enormes hules."
"Es una mancha verde con esmalte."
"Cuando viniste, en la mañana, supe
que iba a ser un camino inexorable
subir aquí y hallar este paisaje."
"Me llegó el vientecillo de un perfume.

Esa muchacha con oblicuos ojos
no huele mal; tal vez —si te le acercas—
te puede regalar una sonrisa."
"Dile que tiene bellísimos hombros.
Inténtalo. ¿Qué tal si no respinga
y te levanta con su vida nueva?"

"Qué graciosos se ven los autos desde
la altura." *Una inquietud en el vacío.*
Interpones la mano en el dominio
del ojo y la visión desaparece
con los pequeños autos en el ruido
de las chicharras sobre los laureles
—*un sonido voraz en las paredes
de la montaña pero en regocijo.*
"Todavía nos falta por trepar
los últimos estribos del santuario"

donde los rostros se alzan con las nubes.
"Los escalones son más empinados
en este punto y tienes que pisar
con muchísimo tiento cuando subes."

"Fíjate dónde pones cada pie;
si te patinas, puedes despeñarte
como si te lanzaran hacia el valle."
"Estos peldaños son una pared
aún con más pendiente que el ensanche
de abajo." *Con la luz del sol, la piel
brilla.* "No tengo ningún interés
de regresar o buscar otra parte."
Estamos en el belfo de la boca
del ofidio. La larga lengua bífida
nos coloca en el centro de las fauces.
Hay una lentitud de agua en las fosas,

hay águilas y tigres en las líneas,
hay una sed de hormigas en el aire.

En medio de la cámara observamos,
en el piso, un depósito ritual,
un caliz en el suelo donde está
a la vista la vena del basalto.
Las muchachas se agachan. La oquedad
de la piedra en las piernas. *Todos vamos*
de paso en el momento. Con las manos
nos perseguimos en la oscuridad;
montaraz, una ráfaga de viento
se revuelve en la entrada de la roca,
exhalación la rueda de la víbora,
abajo todo siempre más intenso.
Permíteme tocar, no seas díscola.
Nadie nos mira aquí en las amapolas.

**Ellos están muy lejos y ninguno
va a regresar. Quisiera ver tu panza.
Levántate el vestido.** *La barranca
tiene piñas enormes y cartuchos
de leña en los senderos. Una franja
blanca en el cielo y el olor a tufo
del zacate mojado. Fríos glúteos
y en medio de las piernas una raya.*
**Siempre me ves a los ojos con gusto
no importa que haya demasiada gente;**
tus ojos empapados me persiguen.
**Con éste ya conté diez estornudos
pero no me molesta la laringe.**
Tus ojos en mi rostro me retienen.

Quédate así un segundo más. *El viento
cascabelea entre las pardas hojas*

secas de nuestra selva peligrosa.
Se disemina el sol en sus reflejos,
la frente ardiente, las mejillas rojas.
No te sientas molesta ni con miedo
al descubrirte cuando yo te veo.
Ahora está mojada nuestra ropa.
Este sitio despide demasiada
humedad sobre todo el mes de junio
cuando las lluvias vuelcan anchos ríos
al hondo valle desde las montañas.
El agua tiene un orden progresivo.
El granizo golpea contra el muro.

El peso de las lluvias cuando caen.
"¿Te gusta cómo canta este sonido?"
"Todo se llena y se levanta grifo."
"Destapa el caño con los alicates,

si no nos vamos a inundar." "Los pinos
siempre acercan las aguas. Esta clase
de conífera es más robusta. Antes
era muy común. Yo no me resigno
a que desaparezca." "En las orillas
del valle había bosques numerosos.
Levantábamos las dispersas piñas
o las lanzábamos al cielo como
proyectiles." *El lodo con agujas
leñosas y el descenso de la bruma.*

**Quédate así un segundo más. No ocurre
nada y también me miras descubierto.**
*Somos piedras desnudas en el suelo.
Tu mirada tenía un aire dulce
en el chispazo rubio. Los resuellos
de las respiraciones nos aturden*

y nos despiertan. **Mira aquellas nubes
tan altas.** *Se revuelven en su vuelo.*
*Un chipichipi repentino toca
nuestros abdómenes.* **¿No sientes frío?
Ya es hora de irnos, se está haciendo tarde.**
*La llovizna humedece nuestra boca.
Veo las ramas negras y percibo
cómo en los ojos nuestros cuerpos arden.*

La forma de la piedra en la montaña:
si lo pensamos bien aquí murieron
muchas personas, todas con el pecho
desnudo expuesto al golpe de una daga
de doble filo y con el mango negro.
La gruesa hoja dura de obsidiana
permitía romper en dos la caja
del tórax por debajo de los huesos.

Arriba, las estrellas en un ritmo
invisible de vísperas dudosas
desparramándose antes de la lluvia.
"Le puedes ver los ojos a la novia."
"Te la quieres robar para tu oído."
"Sus pechos altos levantadas lunas."

"No seas tan miedoso. Sólo dile
cualquier cosa. Con eso bastará.
Ella te está sonriendo. Un poco más
y en sus ojos la luz también sonríe."
En realidad aquí se desinhibe
todo el paisaje. No hace falta estar
emocionado para adivinar
que en los otros el tiempo nos persigue.
Chocan dos seres y el calor los junta
cortando la distancia por en medio.

Penetras un afuera o un adentro
nada más con el guiño de los ojos
o con la mano sola que disfruta;
es un placer entrar de cualquier modo.

"El automóvil está allá. ¿Lo miras?"
"¿Cuántas albercas puedes atisbar
desde este ángulo? No sé. Quizá
cuentes una veintena de piscinas"
todas bajo el azul del sol brutal.
De repente, la luz se hace más nítida.
"Tiene un color tan bello tu mejilla."
Sobre tu rostro el día es más veraz.
"Si la observas, la luz tiene una leve
inclinación" y ahora nos doblamos
con ella en un pasillo silencioso.
Con el sol, tu cabello es tan dorado.

Muy bien podría verte desde el otro
lado del monte en la salud creciente

de la respiración de este momento.
La frente ardiente, las mejillas rojas.
"Me gusta tu mirada un poco bronca
que me ataca de frente." El verdadero
nombre exacto de muchas de las formas
que aquí puedes mirar sobre la roca
no ha sido descifrado. Conocemos,
si acaso, los residuos. Un espejo
donde los nombres tienen duros rostros
de fiera. "Déjame poner la cara
en este hueco." "¿Quieres ver qué pasa?"
El ojo puesto en otro extraño ojo.
Trata de aproximarte al orificio
para saltar al tiempo fugitivo.

"Trata de acomodarte." "Los colores
suben cuando los ojos permanecen
cerrados." *En la roca se estremece
una velocidad que nos traspone
con su pesado pie.* "Tú muy bien puedes
seguir la sensación del tacto sobre
la piedra." "Pon la cara." *Un leve golpe
de arena te alza.* La mañana adquiere,
con el calor, un orden mucho más
lento. "¿Te has dado cuenta de que el hombre
que trabaja con piedras tiene el rostro
con un mohín distinto a los demás?"
Nos ve desde una máscara de polvo,
nos mira con su grave cara enorme

—una carota para contemplar
las cosas. "¿Has sentido alguna vez

que tu cara no deja de crecer
cuando la tocas?" "Déjame acercar
el rostro a ese hueco de aire." "Tienes
ojos chispas y un tanto suspicaz
la boca." "Tu manera de mirar
me encanta." "Siento un cosquilleo. Adrede
me equivoco." "Me miras sorprendida
porque la cara se me ha puesto un poco
pálida como si tuviera vértigo."
Aquí, arriba, en las piedras carcomidas,
el pulso siempre sube en el silencio.
La oscuridad nos atraviesa el rostro.

Con los ojos cerrados vi la raya
de tu vientre desnudo. Se movía
a la intemperie una culebrilla
de carne. La blancura de tu panza

encima de tus largas piernas frías.
Tus dos pies como un pez sobre la playa.
Levántate el vestido. *Tu mirada*
miraba las miradas. Una brizna
de sal sobre mi frente. El aire corre
veloz entre las cosas. Mensajero,
la mancha de las hojas reproduce
la cresta de las olas. En un eco
el árbol vibra con la tarde. Trote
bajo las arboledas y el volumen

del silencio al pasar entre las ramas.
Levántate el vestido. Si me enseñas,
te doy mi helado con sabor a fresa.
Ya pasó la llovizna. **La maraña**
de los arbustos tiene finas piedras
de agua. Tócalas. Tu cabeza carga

también una corona leve de agua.
Te prometo no ver, si abres las piernas,
o mirar nada más por un segundo.
¿Tienes fríos los brazos como yo?
Ya apareció el primer lucero. Junto
a la montaña los rayos del sol
descienden por en medio del espacio.
Todo sucede como un aletazo.

"Vamos afuera. Me provoca angustia
permanecer cautivo en esta bóveda
sin aire." "¿Hueles ríspida la atmósfera?"
"No, esta pesada cerrazón me gusta."
La piedra es un volumen que se dobla
en la dureza. "Escucha." No me abruma
para nada sentir cómo coagula
la lentitud. Estamos en la boca

de la serpiente y esta oscuridad
nos llena la mirada para ver
hacia dentro y también ver hacia fuera.
"¿Cuántas personas pueden visitar
este sitio en un año?" "Tengo sed."
"Me gustaría acariciar tu oreja."

La frente ardiente, las mejillas rojas.
Con el sol, tu cabello es tan dorado.
Cuando te conocí toqué tu mano.
Al saludarte percibí la ola
que nos empuja al frente con el tacto.
El tiempo crece en la única hora
verdadera de un beso con tu boca.
Subimos a las 12:00 a Malinalco
y el aire se estrellaba en los sombreros,
tus ojos se me quedan más adentro,

"Tienes un agujero en el bolsillo
y me produce vértigo el vacío."
A Pato le encantaba oír la lluvia
y a mí seguir el salto de las truchas.

Este libro se terminó de imprimir en noviembre de 1998 en los talleres de Impresora y Encuadernadora Progreso, S. A. de C. V. (IEPSA), Calz. de San Lorenzo, 244; 09830 México, D. F. En su composición, parada en el Taller de Composición del FCE, se emplearon tipos Times de 13:21, 12:20 y 8:9 puntos. La edición consta de 2 000 ejemplares.

victorma@mail.internet.com.mx